El árbol más fuerte

FÁBULAS ZERI
"Para nunca dejar de soñar"

The Strongest Tree

ZERI FABLES
"To never stop dreaming"

Gunter Pauli

Autor y diseñador del sistema pedagógico:
Gunter Pauli

Fábula inspirada en:
Melva Inés Aristizábal

Comité editorial:
Presbítero Porfirio Lopera Gil
Padre Leopoldo Peláez Arbeláez
Monseñor Ignacio Gómez Aristizábal
Monseñor Héctor Fabio Henao
Jaime Betancur Cuartas
Luis Carlos Muñoz Franco
María Rosalía Torres Rubiano
Eduardo Aldana Valdés
Francisco Ochoa Palacios
Juan Daniel Galán Sarmiento
Richard Aufdereggen Ritz
Héctor Manuel Jaimes Durán
Silvia Montealegre de Gutiérrez

Dirección editorial:
Alberto Palomino Torres

Edición:
Marcela Ramírez-Aza

Traducción:
Melissa Laverde Ramírez
Fabián Perdomo Delgado

Revisión de estilo:
Lynne Carter, AED
James F. McMillan

Diseño y diagramación:
Sandra Palomino Aguirre
Pamela Salazar Ocampo

Ilustración:
Pamela Salazar Ocampo
en colaboración con:
Santiago Mejía Ocampo

Ilustración de inspiradores:
Fabián Perdomo Delgado

Complementos:
Victoria E. Rodríguez Gómez

e-mail: info@zeri.org
Página web: www.zeri.org

Editores:
Fundación Hogares Juveniles Campesinos
Carretera Central del Norte km 18 Bogotá, D.C, Colombia
Tels.: (571) 6761666, 3481690/91/92 Fax: (571) 6761185
e-mail: fundacion@hogaresjuvenilescampesinos.org
Página web: www.hogaresjuvenilescampesinos.org

Sociedad de San Pablo
Carrera 46 No.22A - 90 Bogotá, D.C, Colombia
Tels.: (571) 3682099 Fax: 2444383
e-mail: editorial@sanpablo.com.co
Página web: www.sanpablo.com.co

ISBN obra completa: 958692774-1
ISBN *El árbol más fuerte*: 958692838-1

1a. edición 2006
Queda hecho el depósito legal según ley 44 de 1993 y Decreto 460 de 1995

Este producto editorial ha sido posible gracias a la especial colaboración de la Universidad Autónoma de Manizales y del PNUD Colombia (Programa de las Naciones Unidas para el Desarrollo).

Taller San Pablo - Bogotá
Impreso en Colombia - Printed in Colombia

Contenido

Content

¿Que cómo puedo ser el árbol más fuerte de este bosque? Entre más hojas tengo, más energía del sol recibo. Y entre más hojas tenga, más caerán al suelo. Y hormigas, hongos y lombrices pueden convertir esas hojas en nueva comida para mí.

How can I be the strongest tree in this forest? And the more leaves I have, the more energy I get from the sun. The more leaves I have, the more leaves that will drop to the ground. Ants, fungus and earthworms will convert the leaves into new food for me.

¿Que cómo puedo ser el árbol más fuerte de este bosque?

How can I be the strongest tree in this forest?

Entre más pájaros, más estiércol
y entre más estiércol...

The more birds, the more droppings;
and the more droppings...

Entre más comida tengo, más frutos pueden crecer en mí.

Entre más frutos produzco, más pájaros me podrán visitar.

Entre más pájaros, más estiércol y entre más estiércol, más bacterias habrá en la tierra.

The more food I have, the more fruits I can grow.

The more fruits I grow, the more birds will visit me.

The more birds, the more droppings; and the more droppings, the more bacteria in the soil.

Entre más bacterias en la tierra, más comida en las aguas lluvias.

Entre más comida en el agua, más flores.

Entre más flores, más abejas.

Entre más abejas, más polinización y entre más polinización, más semillas.

The more soil bacteria, the more food in the rain water.

The more food in the water, the more flowers.

The more flowers, the more bees.

The more bees, the more pollination, and the more seeds.

Entre más bacterias en la tierra, más comida en las aguas lluvias

The more soil bacteria, the more food in the rain water

Mi familia y yo seremos los más
fuertes del bosque

My family and I will be the
strongest in the forest

Entre más semillas, ¡más nos podemos multiplicar! Mi familia y yo podemos ser los más fuertes del bosque.

Todos me dan muchos regalos que han sido hechos con cosas que no necesitaba o que había desechado.

The more seeds, the more we can all multiply! My family and I will be the strongest in the forest.

Everyone gives me many gifts that have been made from things that were not needed or were waste.

Todos con esas acciones contribuyen para que yo sea el más fuerte, algunos son pequeños, algunos feos, algunos no me gustan porque ni siquiera diferencio su cabeza de su cola.

All of these actions contribute to me being the strongest - even though some are small, some are ugly and some I don't like because I can't tell their heads from their tails.

Todos contribuyen para hacerme
el más fuerte

All of these actions contribute to me being
the strongest

Si yo alejara las lombrices...

If I were to chase away the earthworms...

Si yo alejara las lombrices, porque no me gustan o porque no las entiendo, nunca podría ser el más fuerte.

If I were to chase away the earthworms away because I do not like or understand them, I can never be the strongest.

Si regalo lo que de todas formas no necesito, recibo mucho. Y todos juntos podremos ser los mejores.

If I give away what I don't need anyway, I get a lot. And all together, we can all be the best.

Todos juntos podremos ser los mejores

All together, we can all be the best

El árbol más fuerte provee...

The strongest tree gives...

El árbol más fuerte provee a otros lo que no necesita y recibe lo que los demás no necesitan.

The strongest tree gives what it does not need and receives back from others what they do not need.

El árbol sabe que cada uno ayuda, no importa qué tan grande, pequeño o bonito sea, incluso ayuda aquel que el árbol quizá pensó que era feo.

... ¡Y ÉSTE ES SÓLO EL COMIENZO! ...

The tree knows that everyone helps, no matter how big, or small, beautiful or even those the tree perhaps thought were ugly.

... AND IT'S ONLY JUST BEGUN! ...

... ¡y éste es sólo el comienzo! ...

... and it's only just begun! ...

¿Sabías que... Did you know that...

Los árboles junto con las plantas juegan un papel fundamental en la creación y mantenimiento de la atmósfera? Estos seres vivientes, durante las horas del día, absorben del aire el gas carbónico (CO2) y nos devuelven oxígeno (O2) en igual cantidad.

Trees and plants play a fundamental role in the creation and maintenance of the atmosphere. These living beings absorb air and carbonic gas (CO2) during day hours and produce oxygen (O2) in equal quantities.

Cuando sembramos árboles, no sólo estamos embelleciendo nuestro medio, sino también beneficiando nuestra salud. Esos árboles filtrarán las impurezas del aire y generarán agua. Pero los árboles no pueden hacerlo solos, necesitan de las especies de otros reinos.

When we plant trees, we are not only embellishing our environment, but we benefit our health. These trees will filter air impurities and will generate water. But they cannot do it alone, they need other species.

Los anillos del tronco, determinan la edad del árbol. Cada anillo es un año y cuando un anillo es grueso, significa que el árbol creció mucho en ese período.

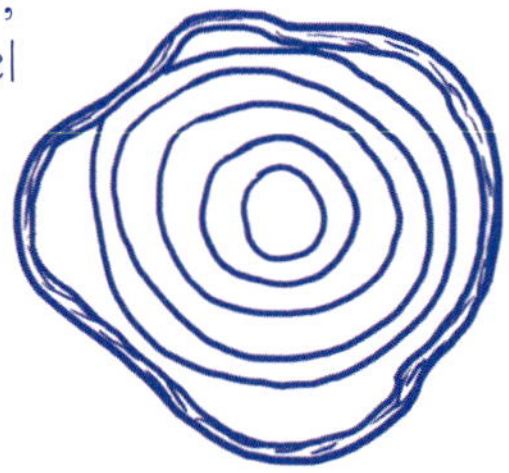

The rings in a tree trunk, tell us the tree´s age. Each ring represents a years of growth. When a ring is thick, it means that it was a good year and the tree grew a lot.

En el funcionamiento de los ecosistemas no existe desperdicio alguno? Todos los organismos son fuente de alimento de otros seres. Un insecto se alimenta de hojas, un ave se come al insecto y a su vez, ésta es devorada por otro animal. Al morir, estos organismos son consumidos por descomponedores, como hongos y bacterias, que los transformarán en sustancias inorgánicas.

There is no waste in ecosystems. Every leftover is a food source. An insect feeds on leaves, a bird eats insects and the bird is eaten by a larger animal. Dead organisms are consumed by decomposers, like fungus and bacterium, which transforms them into inorganic substances.

Las hojas y árboles caídos, son el suelo de los bosques futuros. Esta materia orgánica es esencial porque contiene los nutrientes que serán reincorporados al suelo. Sin esta materia orgánica, el suelo sería sólo rocas y arena. La conversión de las hojas en humus se hace gracias a hongos, lombrices, hormigas, bacterias.

Leaves and fallen trees, are the ground of future forests. This organic material is essential because it contains nutrients that will be incorporated into the soil again. Without this organic material, the ground would be only rocks and sand. The conversion of leaves into humus is to the result of the fungus, worms, ants and bacterium.

Piensa sobre... Think about it...

¿Por qué crees que el árbol quiere ser el más fuerte?

Why do you think the tree wants to be stronger?

¿Crees que el árbol se siente feliz porque todos en la naturaleza lo ayudan a ser el más fuerte?

Do you think the tree feels happy because everyone around him helps him to be stronger?

¿Te parece importante que el árbol provea lo que no necesita y reciba gratuitamente lo que otros no necesitan?

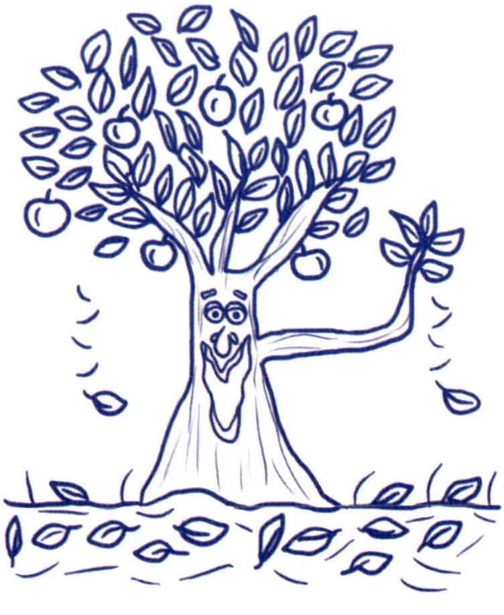

Do you think it is important that the tree supply what he does not need and receive freely from others what they do not need?

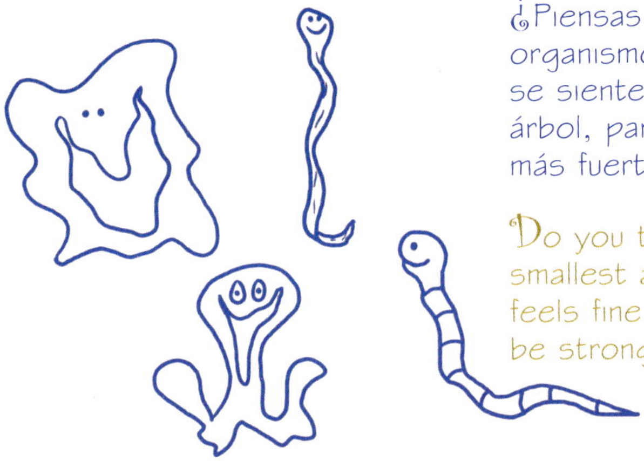

¿Piensas que hasta el organismo más pequeño y feo, se siente bien de ayudar al árbol, para que pueda ser el más fuerte?

Do you think that even the smallest and ugliest organism feels fine by helping the tree to be stronger?

¿Crees que está bien dar desinteresadamente?

Do you think is good to give without expecting anything in return?

Cuando el árbol se siente el más fuerte, ¿quién más es fuerte?

When the tree feels the strongest, who else is stronger?

¡Hazlo tú mismo!

Analiza estas cosas: comidas, sentimientos personales, sentimientos que recibes de otros y del ambiente natural. ¿Cómo te ayudan estas cosas a ser más fuerte?, muestra cuán agradecido estás de la forma más creativa posible, puedes hacerlo con una carta, una canción o un dibujo. Compártelo con tus amigos y con tu familia.

Do it yourself!

Analyze these things: food, personal feelings, feelings you get from others, and from the natural environment. How do these things help you grow stronger? Show how grateful you are to them in the most creative way, you can - by a letter, a song, a drawing. Share it with your friends and your family.

Conocimiento Académico

BIOLOGÍA	(1) Cada especie de árbol tiene un único micro-ecosistema con especies específicas que viven en simbiosis. (2) Los hongos generan tierra de superficie y humus para el árbol. (3) Las bacterias enriquecen el agua de lluvia. (4) El excremento fertiliza el suelo. (5) ¿Cómo aseguran las plantas la polinización?
QUÍMICA	(1) pH del suelo. (2) Clorofila. (3) Antibióticos producidos por las lombrices de tierra.
FÍSICA	Cómo el agua lluvia con temperatura ambiental, no puede penetrar el suelo desnudo de árboles, expuesto al sol y por eso caliente.
INGENIERÍA	El uso del terraplén y la acumulación de desechos en sistemas centrales de eliminación de la basura *vs.* la recuperación local de todos los recursos y su reconversión en productos valorables.
ECONOMÍA	El costo de la especialización donde todo es enviado a un lugar central y luego los productos son reenviados al usuario.
ÉTICA	Cada uno hace una contribución, así no nos guste porque no entendemos o no sabemos cuál pudo ser esa contribución.
HISTORIA	La mala interpretación popular de la teoría de la evolución de Darwin como la supervivencia del más "encajado". (Darwin utilizó la palabra "encajado") ...con mayor facilidad para "encajar" que las otras especies; ésta es la palabra escogida originalmente. Darwin implantó, que el que sobrevive es el que es más flexible, ese que se puede adaptar a condiciones que cambian constantemente.
GEOGRAFÍA	Limpieza de ríos en Europa y la destrucción de bosques en los trópicos húmedos.
MATEMÁTICAS	La historia es ideal para desarrollar modelos matemáticos.
ESTILO DE VIDA	(1) Cada vez rechazamos más a aquellos que no reconocemos o no conocemos. (2) La costumbre de llevar regalos a quienes visitamos.
SOCIOLOGÍA	Vivimos en un mundo interdependiente, sin una interdependencia, no podríamos ser independientes.
PSICOLOGÍA	Nunca te sentirás fuerte solo. Te sientes fuerte gracias a otros que te cultivan y que son cultivados por ti.
SISTEMAS	Nadie puede ser fuerte por sí solo, se necesita de otros para ser fuerte. Al fortalecernos a nosotros mismos, los otros en el sistema tienen que ser fuertes también, así parezcan débiles.

Academic Knowledge

BIOLOGY	(1) Each tree species has a unique micro-ecosystem with specific species living in symbiotic relationship with it. (2) The fungi generate topsoil and humus for the tree. (3)The bacteria enrich the rain water. (4) The excreta enrich soil fertility. (5) How do plants secure pollination?
CHEMISTRY	(1) pH of the soil. (2) Chlorophyll. (3) Antibiotics produced by earthworms.
PHYSICS	How rainwater with environmental temperature, cannot break in the tree naked ground , exposed to the sun and that is why it heatts.
ENGINEERING	The use of landfill and the collection of waste in central disposal locations vs. the local recovery of all resources and their conversion into valuable products.
ECONOMICS	The cost of a system of specialization in which everything is sent to a central place and the products are then shipped out to the user.
ETHICS	Everyone makes a contribution, even though we do not like them, or do not know what their contribution could possibly be.
HISTORY	The misinterpretation of Darwin's evolution theory of the survival of the fittest. (darwin did use fittiest) ...more fit than the other and this is his original word choice. Darwin stated, that the one who survives is the one who is the most flexible, the one who is able to adapt to ever changing conditions.
GEOGRAPHY	Cleaning up rivers in Europe and the destruction of the Rainforest in the humid tropics.
MATHEMATICS	The story is ideal for developing mathematical models.
LIFE STYLE	(1) We increasingly reject those we do not recognize or know. (2) The practice of bringing gifts to those we visit.
SOCIOLOGY	We live in an interdependent world. Without interdependence, we could not be independent.
PSYCHOLOGY	Alone you can never feel strong, you feel strong thanks to others who nurture you and who are nurtured by you.
SYSTEMS	No one can be strong on their own, one needs others to be strong. However by making ourselves strong, the others in the system have to be strong as well, even if they seem weak.

Inteligencia Emocional

ÁRBOL

El árbol hace un viaje de descubrimiento. Al principio no es muy consciente del gran potencial que tiene para ser el más fuerte del bosque. El árbol observa su entorno, considera todo en el micro-sistema y nada parece sorprenderlo. Él está ansioso por saber cómo puede ser mejor, primero reflexionando sobre sí mismo, luego considerando que él y su familia pueden ser los más fuertes en el bosque. El árbol no ve hambre ni pobreza, reconoce las contribuciones de cada uno, por eso se motiva más y más, y está preparado para aprender lo necesario para convertirse en un individuo excepcional. El árbol observa cuidadosamente lo que cada uno hace por él sin pedir nada a cambio; también muestra gran respeto por todos a su alrededor, y a su vez recibe mucho respeto a cambio. Él se da cuenta de que debe respetar a los pequeños y ser sensitivo ante la contribución que todos hacen, especialmente los más pequeños, quienes no siempre son visibles o comprendidos.

Artes

¿Puedes imaginarte un árbol con todas estas criaturas a su alrededor? Usando la historia, crea y juega a construir cada miembro del ecosistema que acabamos de conocer.

Emotional Intelligence

TREE

The tree is on a voyage of discovery tour. At first it is not very aware of the great potential it has to be the strongest in the forest. The tree observes its surroundings and considers everything in this micro-ecosystem and nothing seems to come as a surprise. The tree is anxious to know how he can be better, first thinking about himself, then considering that he and his family will be the strongest in the Forest. The tree sees no poverty or hunger, he recognizes the contributions of everyone. He gets more and more motivated, and is prepared to learn whatever it takes to be an exceptional individual. The tree carefully observes what everyone is doing for him, without asking anything in return. He shows a lot of respect to everyone around and gets a lot of respect in return. The tree also realizes he needs to give respect to the small ones and be sensitive to the contribution that everyone is making, especially those that are not always visible or well understood.

Arts

Can you imagine a tree with all these creatures around? Using the story, create a play and construct each member of the ecosystem that we have just to know.

Sistemas: Haciendo Conexiones

Observa la manera en que los desperdicios son tratados en la ciudad: todos los desperdicios de los hogares son puestos en una bolsa plástica, luego son enviados a un basurero o un incinerador. Si éste es usado, todas las cenizas son empacadas en una bolsa especial y enviadas al basurero. Sólo imagina que las hojas del árbol son colocadas en una bolsa plástica y transportadas a un depósito de basuras. Así, todas las lombrices de tierra, hormigas y setas también deberían irse a vivir al depósito de basuras. Y una vez que hayan producido el humus necesario para el árbol, deberá ser transportado al bosque. Éste no solamente será un sistema muy ineficiente, también será costoso y nadie estará sorprendido por los problemas de tráfico. La manera en la que hemos diseñado el sistema de manejo de residuos está debilitando el funcionamiento global de nuestras comunidades, mientras que el sistema de manejo natural de residuos es capaz de involucrar a todos ya que nada es realmente considerado como desecho, sino como un recurso listo para ser convertido en algo útil para otro. Y durante el proceso de involucrar a todos en este proceso productivo, incluso a los más pequeños y menos comprendidos se les dará un papel. Es como una estrategia de empleo completo, una vez más, muy diferente de nuestro sistema económico, en el que toleramos que gran parte de la fuerza laboral quede desempleada, especialmente los jóvenes al decirles que no son necesitados. En ese sentido el árbol demuestra que para ser el más fuerte necesita de todos. Quizá deberíamos imaginar un hogar como el árbol... soñemos y veamos.

Capacidad de Implementación

Dibuja un paralelo: tu hogar y un árbol. ¿Puedes ver cómo cada uno cuida de las necesidades de todos en el hogar? Éste es un buen ejercicio ya que nos da muchas ideas prácticas para diseñar un sistema de manejo de desechos y de producción que elimine el concepto de residuo. El desecho es un recurso que todavía no sabemos utilizar.

Systems: Making the Connections

Have a look at the way waste is treated in a city. The waste from homes is put into a plastic bag, and then it is shipped off to a landfill or an incinerator. If an incinerator is used, the ashes are packed into a special bag and shipped to the landfill. Just imagine that the leaves of the tree are put into a plastic bag and transported to the waste dump. Then all the earthworms, ants and mushrooms must also go to live in the waste dump. Once they have produced the much-needed humus for the tree, it has to be transported back to the tree. This will not only be a very inefficient system, it will be expensive as well as creating major traffic jams! The way that we have designed our waste management system is debilitating the overall functioning of our communities. The natural waste management system involves everything because nothing is considered waste. Everything is a resource ready to be converted into something useful for someone else. And in the process of involving everyone even the small and least understood ones are given a role to play. This is like a full employment strategy, once again so different from our economic system. In our current system we tolerate a large part of the labor force to be without a job, especially the young telling them they are not needed. The tree shows that in order to be the strongest, everyone is needed. Perhaps we have to imagine a household like a tree ... let us dream and see.

Capacity to Implement

Draw a parallel: your household and a tree. Can you see how each is taking care of all the needs of everyone? That is a good exercise since it will give us a lot of practical ideas on how to design our current waste management system into a production system that has eliminated the concept of waste. Waste is a resource that we do not yet know how to use.

Esta fábula está inspirada en Melva Inés Aristizábal

En Colombia, según los datos de la Vicepresidencia de la República, la población con discapacidad mental está entre el 10% y el 20% del total. En Bogotá, el porcentaje alcanza los 17 puntos, de los cuales un 60% está entre los 5 y 8 años de edad. A estas cifras se suma el hecho de que son pocas las personas y entidades dedicadas a ayudarlos. Pero en Pensilvania, Caldas, el panorama es diferente. En este municipio hace más de 10 años, Melva Inés Aristizábal, una profesora de la escuela normal superior La Presentación, empezó a cambiar la historia de estas personas.

Luego de culminar sus estudios de educación especial, con énfasis en retardo en el desarrollo, en la Universidad de Manizales, sacó a los niños que sufren de esta discapacidad, la mayor parte de la población infantil del municipio, ya que muchos estaban escondidos en sus casas, para integrarlos a las actividades del pueblo.

Para lograrlo, reunió a 20 profesores, escribió una cartilla *Guía para los docentes del área rural sobre problemas de aprendizaje y retardo mental en Pensilvania,* creó un método para enseñarles a los niños a leer y escribir y fundó el Programa de Rehabilitación Integral para Personas Especiales (Pripe).

Melva Inés explicó y enseñó a los padres y otros habitantes de la región cómo aceptar a estas personas e integrarlas a la vida diaria. Esta integración incrementó la autoestima y autonomía de los niños especiales porque ahora les permite interactuar libremente con otros niños, algo que no había ocurrido en los últimos 10 años.

Melva Inés mereció el premio Compartir al Maestro 2003, por su maravilloso trabajo, el cual es otorgado al mejor profesor en el país.

WEB:

* http://elpais-cali.terra.com.co/historico/mar232004/VIVIR/C523N1.html
* http://www.elespectador.com/2003/20030914/joven-es/nota2.htm